U0061292

新雅・知識館

世界奇趣節慶 1

鄧子健 圖 / 文

新雅文化事業有限公司
www.sunya.com.hk

新雅 · 知識館

世界奇趣節慶 ①

圖　　文：鄧子健
責任編輯：周詩韵
美術設計：李成宇
出　　版：新雅文化事業有限公司
香港英皇道499號北角工業大廈18樓
電話：(852) 2138 7998
傳真：(852) 2597 4003
網址：http://www.sunya.com.hk
電郵：marketing@sunya.com.hk
發　　行：香港聯合書刊物流有限公司
香港新界大埔汀麗路36號中華商務印刷大廈3字樓
電話：(852) 2150 2100
傳真：(852) 2407 3062
電郵：info@suplogistics.com.hk
印　　刷：中華商務彩色印刷有限公司
香港新界大埔汀麗路36號
版　　次：二〇一七年六月初版

ISBN: 978-962-08-6843-6

18/F, North Point Industrial Building, 499 King's Road, Hong Kong
Published and printed in Hong Kong

目錄

世界節慶地圖
北美洲
南美洲
小朋友，這本書將帶你
認識用紅色字標示的 6 個節慶，
如果你想認識其餘 6 個節慶，
請看看《世界奇趣節慶②》吧！
墨西哥
亡靈節
意大利威尼斯
面具嘉年華
法國尼斯
嘉年華
突尼西亞杜茲
撒哈拉節
巴西里約
嘉年華

歐洲
亞洲
非洲
大洋洲
南極洲
中國哈爾濱
冰雪節
埃及
聞風節
日本青森
睡魔祭
香港
台灣平溪
天燈節
印度
五彩節
泰國
潑水節
澳洲珀斯
藝術節

中國哈爾濱冰雪節

中國哈爾濱

哈爾濱是中國東北部黑龍江省的其中一個城市，冬季嚴寒漫長，常下大雪，所以有「冰城」之稱，以每年一度的國際冰雪節聞名。

歐陸風情的建築

哈爾濱十分靠近俄羅斯，又是最早期的國際化都市，所以市內有許多具俄羅斯、歐洲特色的建築。

黑龍江省
哈爾濱

赫哲族

黑龍江省的原居民赫哲族，是東北地區少數以捕魚、打獵為生的民族，赫哲族在全中國僅有五千多人，是人口較少的少數民族。

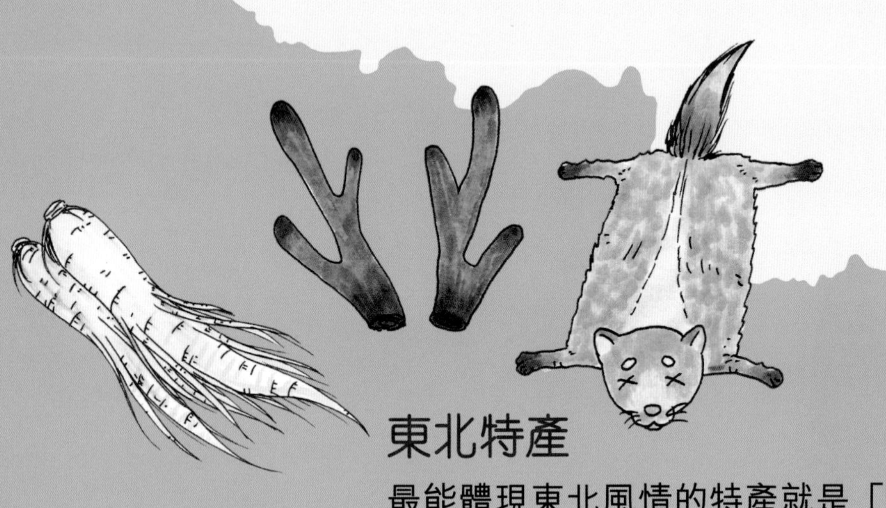

東北特產

最能體現東北風情的特產就是「東北三寶」：人參、鹿茸和貂皮。

冰雪節的由來

中國東北部冬天十分寒冷，冰天雪地，農夫和漁民常常在冬季用冰製作冰燈籠，中間放入蠟燭，作為照明用具。後來，冰燈製作慢慢發展成一項藝術，人們將冰塊雕成不同造型的冰燈，配上不同的燈光效果。哈爾濱早在 1963 年起，便開始舉辦冰燈遊園會了。

除冰燈外，冰雪更為哈爾濱帶來各種刺激的雪地體育活動。於是，在冰燈遊園會的基礎上，於 1983 年創辦了哈爾濱冰雪節，並在 2001 年和黑龍江國際滑雪節合併，改名為「中國哈爾濱國際冰雪節」，與日本札幌雪祭、加拿大魁北克冬季狂歡節和挪威滑雪節並列為世界四大冰雪節。

冰雪節的日期

每年 1 月 5 日開始，為期約一至兩個月，日子會根據天氣狀況而增加或減少。

冰雕和雪雕

冰雪節最矚目的項目是大型冰雕和雪雕展覽，其中規模較大的展覽會場是冰雪大世界、太陽島國際雪雕藝術博覽會、兆麟公園冰燈遊園會等。

除了展出大型的冰雕和雪雕外，還會舉行冰雕、雪雕比賽，來自世界各地的參賽隊伍，會在這個充滿氣氛的冰天雪地下爭奪獎項。

到了晚上，一座座的冰雕會亮起燈來，發出奪目的光芒，和日間觀看的感覺截然不同。

冰雪體育活動

冰雪節還會進行許多冬季體育活動，例如冬泳比賽、高山滑雪比賽、雪地足球賽、冰球賽、速度滑冰比賽等，吸引來自全國各地，甚至世界各國的運動員參加。

泰國潑水節

泰國

正式名稱是「泰王國」，以前稱為「暹羅」，是東南亞國家之一，首都是曼谷，它也是泰國的最大城市。

國家的象徵

泰國人視大象為神聖和吉祥的動物，是泰國的王室、宗教、民族象徵。

傳統服飾

以鮮豔顏色和金色刺繡為主。

宗教

大多數是佛教徒，國內有許多佛寺佛像。

泰國特產

泰國長年天氣炎熱，盛產熱帶水果，有「水果王國」的稱號。

潑水節的由來

潑水節在泰國叫做宋干節，是泰國最盛大的傳統節日。「宋干」這個詞語來自印度梵文，意思是跨越向前。宋干節是泰國的傳統新年，期間，全國都會舉行各種慶祝活動，其中一項主要特色活動就是向別人潑水，所以又被稱為潑水節。

潑水節的日期

每年的4月13日至15日。

為什麼要潑水？

水象徵潔淨，人們用清水相互潑灑，祈求洗去過去一年的霉運，在新的一年重新出發。人們也會把水灑到在節日期間巡遊的佛像和宋干女神身上，祈求賜福。現時人們潑水以玩樂成分居多，所以潑灑用具除了各式各樣的盛水器外，水槍也非常受歡迎。

潑水節的傳說

泰國傳說有七位宋干女神，分別代表一星期七天。潑水節會根據每年落在哪一天，而以對應的宋干女神命名，例如在星期日便稱為 Tungsa。

宋干女神的父親是迦毗婆羅賀摩神（Tao Kabilaprom），因和人打賭輸了而失去頭顱。他的頭顱有神奇力量，無論放在天上、地下、水裏都會引起災禍，所以就由他的七個女兒帶到蓋拉沙山峯的山洞內，輪流看管，每到新年（潑水節），便由其中一位宋干女神帶下山巡遊。

星期日
桐薩女神
Tungsatevee

星期一
卡拉女神
Korakatevee

星期二
拉卡薩女神
Ragsotevee

星期三
滿塔女神
Montatevee

星期四
吉麗尼女神
Kirineetevee

星期五
吉米塔女神
Kimitatevee

星期六
瑪赫桐女神
Mahotorntevee

潑水節的其他活動

上寺廟

主要信奉佛教的泰國人，會在他們的傳統新年期間到寺廟參拜，祈求新一年平安順利，並帶上食物布施給和尚。

灑水禮

年輕一輩會把混入香水和鮮花的水倒在父母和長輩的手中，表示對他們的尊敬和感恩，祈求祝福。

堆沙佛塔

人們會在佛寺裏用沙堆出佛塔，上面用彩旗和鮮花裝飾。人們通過堆沙佛塔向佛祖表示敬意，並祈福許願。

浴佛

浴佛是佛教的一種宗教儀式，用水清洗佛像，祈求佛祖保佑。浴佛的時候，不可直接倒水在佛像頭上，而是輕輕把水順着佛像身體澆下。

印度五彩節

印度

位於亞洲，首都是新德里，是世界四大文明古國之一。印度的土地面積排名全球第七，人口排名全球第二，僅次於中國。印度的民族非常多，官方認可的地區方言就有二十多種。

印度食品

印度的咖喱和烤餅十分著名，是印度人的主要食品。

印度特產

印度是世界最大的香料產品生產國家，主要出產天然植物香料。

傳統服飾

男性會包頭巾，女性會披頭紗。

弄蛇術

一種歷史悠久的街頭表演。弄蛇人吹奏樂器，眼鏡蛇便會從籃子裏伸頭舞動。

五彩節的由來

傳説從前有個名叫金牀的國王，他有不死的神奇力量，所以強迫人民尊敬崇拜他為神，但他的兒子缽羅訶羅陀卻堅持信奉毗濕奴神（印度教的主神之一），國王便想盡方法去除掉王子。

國王讓自己的妹妹侯麗卡披上防火斗篷，騙王子一起坐進火中。沒想到防火斗篷自動飛往王子身上，而侯麗卡則被燒死了。人們相信這是因為王子受到毗濕奴神的保佑，於是人們便將七種顏色的水潑向王子以示慶祝。

五彩節的另一個名稱侯麗節，便是來自國王妹妹的名字侯麗卡。

五彩節是什麼？

五彩節又稱侯麗節、灑紅節、色彩節、胡里節、歡悦節等，是印度人和印度教徒的重要節慶之一，也是印度的傳統新年。五彩是多種顏色的意思，這個節日的主要特色活動便是互相潑灑彩色粉末表示祝福。

五彩節的日期

在每年印度曆 12 月的月圓日，即大約在公曆 2 至 3 月份。

五彩節的活動

潑灑彩粉

人們一起走上街頭，將彩色粉末點抹在對方額頭，但更多的人是直接抓起粉末互相潑灑，身上沾上越多色彩，代表獲得越多祝福。調皮的孩子們甚至用水把彩粉混在一起，以水桶、水球或水槍來潑射其他人。大家高喊：「Happy Holi!」整個地方都變成五彩繽紛的世界，充滿歡樂氣氛。

五彩節的意義

五彩節是為了慶祝春天的到來，繽紛的色彩象徵萬物欣欣向榮地生長，是人們對新一年穀物豐收的希望。五彩節也有善良戰勝邪惡的意義。在這個重要的節日，印度人可以跨越種姓制度*下的階級，不分年齡、性別、貧富、貴賤，一起走上街頭慶祝。

*種姓制度：把人劃分成不同階級，有高低貴賤之分，每個階級自成團體，不可混雜。階級是血緣世襲的，不能改變。雖然印度法律已廢除種姓制度，但社會上仍然運行存在。

北部的奇特習俗

在印度北部地區有奇特的女人追打男人的習俗。北部巴薩納村的女人會穿上漂亮的衣服，拿着木棍在村口等候，而鄰近的南德岡村的男人會帶着盾牌，載歌載舞地前往巴薩納村。巴薩納的女人見到南德岡的男人便會嬉戲般追打，男人不能還手，只能用盾牌保護。

這種習俗源於印度教傳說。南德岡是黑天神的家鄉，而巴薩納是他妻子的家鄉。相傳黑天神在婚前經常到巴薩納作弄他的妻子和妻子的朋友，所以當地女性每次見到黑天神，都用棍棒將他趕走。

燒侯麗卡像

在五彩節前一晚，人人互相擁抱狂歡、手舞足蹈，人們燃起火堆，把用草和紙紮成的侯麗卡像拋入火堆中燒毀，寓意善良戰勝邪惡，驅走惡運。

意大利
威尼斯
面具嘉年華

意大利威尼斯

意大利是一個歐洲國家，威尼斯位於意大利東北部，是著名的旅遊和工業城市，也是西方藝術的搖籃，藝術氣氛濃厚。威尼斯市區由118個島嶼和鄰近的半島組成，整個城市由河流貫穿，以船作為交通工具，所以有「水城」之稱。

貢多拉

威尼斯的特色交通工具。貢多拉船夫會一邊高歌當地的民謠，一邊用長長的船槳來撐船。

威尼斯

玻璃製品

穆拉諾島是威尼斯的其中一個島，當地製造的彩色玻璃製品舉世聞名。

紅酒

威尼斯所在的威尼托區是世界著名盛產葡萄酒的地方。

嘉年華的由來

嘉年華是歐洲的傳統慶典，這與歐洲主要的宗教——基督宗教有關。

《新約聖經》中記載了魔鬼試探耶穌的故事。魔鬼把耶穌困在荒郊野外，耶穌四十天都沒有吃東西，雖然極度飢餓，但仍沒有受到魔鬼的誘惑。

後來，信徒為了要預備慶祝耶穌的復活，並感受耶穌在那四十天裏所受的苦，於是把每年復活節的前四十天作為齋戒和懺悔的時期，即「齋期（四旬期）」。

在這段期間之前，他們便舉辦宴會、舞會來盡情吃喝玩樂。嘉年華是英文「Carnival」的音譯，這英文源於拉丁文「Carnem levare」，即「和肉告別」的意思。

面具嘉年華的日期

在齋期（四旬期）之前舉行，節慶活動大約為期兩星期。由於齋期是根據基督教年曆計算，所以每年節慶的日期都不固定，一般在 2 月份。

面具嘉年華的特色

這是不分階級、盡情歡樂的節日，許多人都會戴上充滿神秘感的面具，穿上極度華麗的衣服，拿着精美的道具，在威尼斯的大街小巷出現與遊人合照。

面具嘉年華其中一項重點活動就是面具比賽，參賽者會精心打扮，以浮誇的造型參加，希望贏得「最佳面具獎」。

為什麼要戴面具參加嘉年華？

在中世紀時，社會階級分明，王室貴族為了想與平民一同慶祝玩樂，於是戴上美麗的面具來隱藏自己的身分。這漸漸地演變成現今的面具嘉年華。

威尼斯的面具

威尼斯人佩戴面具有很長的歷史。以前的貴族會戴上面具來隱藏身分，出入一些平民場所，例如賭場、劇院，上流社會的婦女也會佩戴面具出門。此外，面具也是戲劇表演者的道具。慢慢地佩戴面具在平民之間流行起來，成為威尼斯人日常生活一部分。

面具的設計非常華麗，而且還有不同的款式，甚至有動物造型。

威尼斯街上有很多售賣面具和嘉年華服飾的店舖。

威尼斯面具嘉年華是世界三大嘉年華之一，每年都吸引大量遊客前往參加。

墨西哥亡靈節

MEXICO

墨西哥

北美洲國家，首都是墨西哥城，是美洲之中面積第五大國家。墨西哥是多個美洲文明的發源地。它的北部是乾旱的沙漠氣候，而南部則是高溫多雨的熱帶雨林氣候。

國花

墨西哥北部是大片的沙漠，盛產仙人掌，墨西哥人以仙人掌象徵堅韌的民族精神。

傳統服飾

色彩豐富，有着複雜的編織圖案，男性常戴的大草帽更成為墨西哥的象徵。

主要糧食

墨西哥是玉米的故鄉，當地有各式各樣以玉米製成的食品。

亡靈節的由來

亡靈節是墨西哥的一個重要節日。這個節日源於數千年前墨西哥原住民的文化。原住民認為死亡並不是一件悲傷的事情，亡靈會在亡靈節回來，所以應該用歌舞和歡樂的慶典來歡迎亡靈回家。後來天主教傳入，原住民認識了萬聖節（11 月 1 日）和萬靈節（11 月 2 日），於是原住民在這兩個節日中融入自己的傳統文化，成為現時的亡靈節。

亡靈節的日期

11 月 1 日是「幼靈節」，當地人相信去世的孩子會在這天回來和家人團聚；11 月 2 日是「成靈節」，去世的成人會在這天回來。當地人在 10 月 31 日便開始慶祝這節日。

亡靈節的意義

墨西哥原住民相信死亡只是生命周期的一部分，所以在世的人不用悲傷，反而要準備豐富的食物祭品，讓亡靈快樂地回家過節，這樣在世的人才會得到亡靈保佑，穀物糧食也會大豐收。現在，這節日讓人們可以和家人朋友團聚在一起，紀念去世的親人。

2003 年，聯合國教科文組織將墨西哥亡靈節列入人類非物質文化遺產。

亡靈大巡遊

亡靈節期間各地都有各種慶祝活動，墨西哥首都墨西哥城會舉行盛大的巡遊，當地會變成一座充滿死亡氣息與歡樂氣氛的奇異城市。節慶參加者都會把自己的臉畫成骷髏骨的樣子，或戴上骷髏頭面具。不同的團體會組成遊行隊伍，也有大型花車遊行，場面熱鬧非常。

亡靈節的標誌形象

這個戴着羽毛頭飾的女性骷髏，名叫卡特里娜（La Calavera de la Catrina），它是墨西哥版畫家何塞 · 瓜達盧佩 · 波薩達的作品。卡特里娜作為亡靈節的重要角色已有百年歷史。

在晚上，參加亡靈節的民眾都會拿着燭光

在大街上安靜地遊行，懷念死者。

供奉亡靈

人們會在家中為死者設立祭壇，上面擺放死者生前喜愛的食物、糖果、萬壽菊、鮮花和裝飾物等，歡迎去世的親人回家。人們也會攜帶這些物品前往墓地祭奠，或在墓地擺放宴席和播放音樂，整夜守候和慶祝。

2014年11月1日，超過五百位女性聚集在墨西哥城，打破最多人打扮成女骷髏頭的健力士世界紀錄。

埃及聞風節

埃及

世界四大文明古國之一，國土橫跨亞、非兩洲，當中大部分國土位於非洲東北部。首都是開羅，這也是非洲人口最多的城市。

古埃及文明

最著名的有金字塔、獅身人面像等充滿神秘感的宏偉建築，是當地重要的文化遺產，那裏還有大量的出土文物。

金字塔

獅身人面像

聖甲蟲

木乃伊

傳統服飾

穿阿拉伯長袍，女性戴頭巾。

沙漠地區

國土大部分是沙漠地區，駱駝是當地人穿越沙漠時的主要交通工具。

聞風節的由來

聞風節起源於古埃及法老時期，已經有五千多年的歷史，是埃及最古老的傳統節日。在古埃及，聞風節是在每年白天與黑夜時間一樣長的那一天，即春分日。古埃及人認為這天是宇宙的誕生日，也是新一年的開始，太陽神會在這天令大地萬物更新，所以這個節日當時在古埃及叫「夏摩」，即萬物復蘇的意思。後來才演變成阿拉伯語，中文譯為「聞風節」。也有傳說這天是慈善之神戰勝兇惡之神的日子。

聞風節的日期

現在聞風節的日期定在每年春分月圓後的第一個星期一，大約在每年的3月到5月之間。

為什麼要「聞風」？

聞風節是為了慶祝春天的來臨，人們相信這天外出聞嗅春風，可以驅走凶邪不利，強身健體。

聞風節的慶祝活動

郊遊野餐

聞風節是埃及人和家人一起郊遊野餐的日子。當地的所有公園和動物園會免費開放給市民遊覽和慶祝，人們會在草地野餐，載歌載舞，互相祝賀，還會為小朋友畫上動物造型的大花臉。全國上下一片歡騰，非常熱鬧。

繪畫彩蛋

人們會為雞蛋染上色彩，小朋友更會繪畫彩蛋，互相送贈。大家還會拿着彩蛋相互碰撞，如果雞蛋沒有破裂，即代表他得到太陽神的祝福。

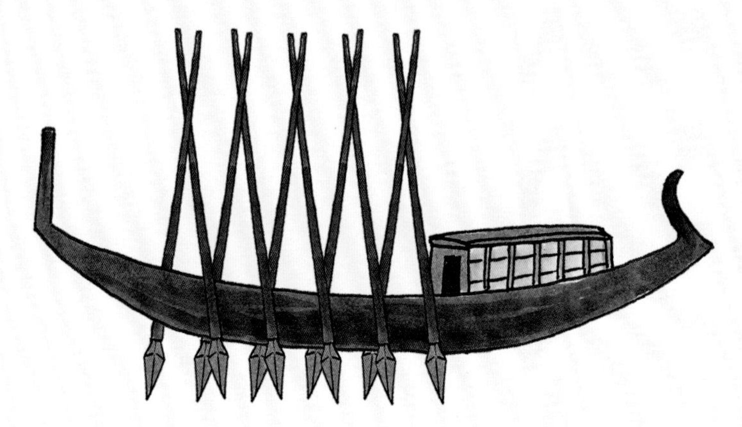

古埃及人的慶祝活動

在古埃及，人們會製作雕刻精美的太陽船，到尼羅河上划船，祭司們和士兵們敲鼓、喝彩和高歌，民眾在一邊看熱鬧，場面歡樂。

聞風節的應節食品

人們會在聞風節準備許多應節食品，如雞蛋、鹹魚、洋葱、生菜、霍姆斯豆等，這些食物都有吉利的意思，吃了可以健身強體，有些食物還有特別的意義。

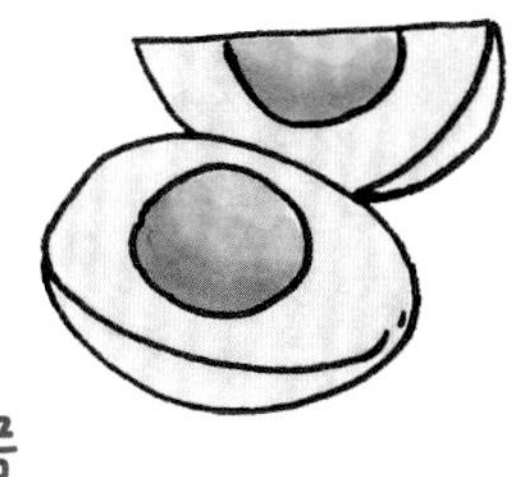

雞蛋

古埃及人把雞蛋象徵生命的起源，因此聞風節時吃雞蛋會帶來好運。

鹹魚

魚是古埃及人用來祭神的供品，象徵土地肥沃和人民幸福。由於魚容易腐爛，所以他們會製成鹹魚。人們會在聞風節吃鹹魚去祈求好運。

洋葱

古埃及人認為洋葱可以驅邪治病。傳説古代有一個法老王，他最喜愛的王子患上不明疾病，最後大祭司用洋葱把病治好了。聞風節吃洋葱便成了流傳下來的習俗。

在聞風節，埃及人喜歡到首都開羅市中心的公園野餐，遙望開羅古城內美麗的清真寺和其他歷史遺跡。

下面幾位小朋友想去參加不同國家的特色節慶，

請完成下面的鬼腳遊戲，看看他們參加什麼節慶吧！

玩法 請跟着線條起點由上而下走，遇到橫線則沿着橫線走到隔壁的垂直線，便會找到答案。

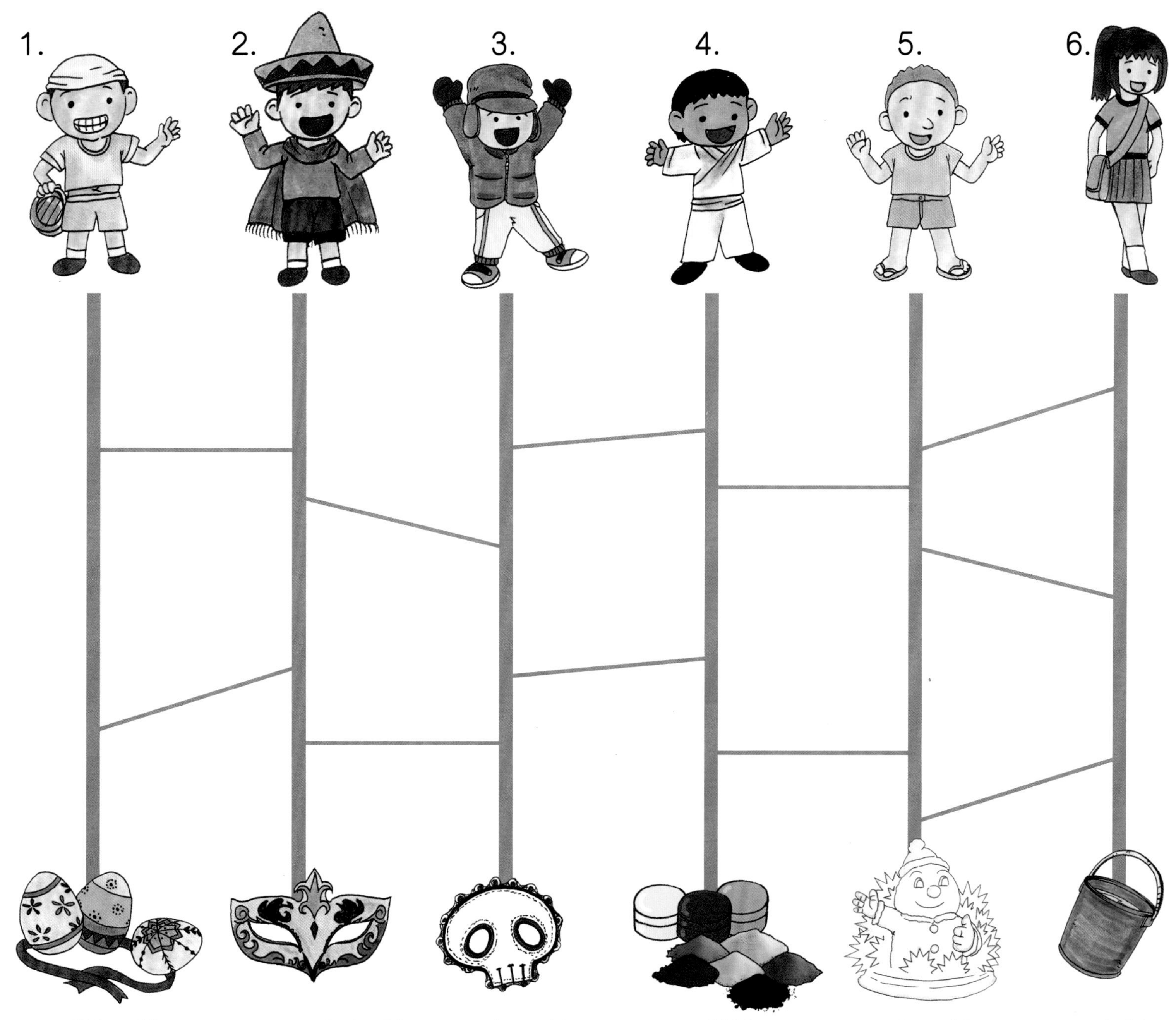

a. 聞風節　b. 面具嘉年華　c. 亡靈節　d. 五彩節　e. 冰雪節　f. 潑水節

答案：1.f 2.c 3.e 4.a 5.d 6.b

作者簡介

鄧子健

1980年生於香港，香港創意藝術會會長，香港青年藝術創作協會主席，韓國文化藝術研究會營運委員，韓中日文化協力委員會成員，香港美術教育協會會員，Brothersystem Studio 總監。

畢業於英國新特蘭大學平面設計系榮譽學士，香港大一藝術設計學院電腦插圖高級文憑，香港中大專業進修學院幼兒活動導師文憑。曾於韓國、新加坡、台灣、澳門及香港舉行個人畫展。

著作：《香港傳統習俗故事》（共兩冊）
《香港老店「立體」遊》（共兩冊）
《世界奇趣節慶》（共兩冊）

專頁：https://www.facebook.com/dragonkentanghk/